T0194117

essentials

essentials liefern aktuelles Wissen in konzentrierter Form. Die Essenz dessen, worauf es als „State-of-the-Art" in der gegenwärtigen Fachdiskussion oder in der Praxis ankommt. *essentials* informieren schnell, unkompliziert und verständlich

- als Einführung in ein aktuelles Thema aus Ihrem Fachgebiet
- als Einstieg in ein für Sie noch unbekanntes Themenfeld
- als Einblick, um zum Thema mitreden zu können

Die Bücher in elektronischer und gedruckter Form bringen das Expertenwissen von Springer-Fachautoren kompakt zur Darstellung. Sie sind besonders für die Nutzung als eBook auf Tablet-PCs, eBook-Readern und Smartphones geeignet. *essentials:* Wissensbausteine aus den Wirtschafts-, Sozial- und Geisteswissenschaften, aus Technik und Naturwissenschaften sowie aus Medizin, Psychologie und Gesundheitsberufen. Von renommierten Autoren aller Springer-Verlagsmarken.

Weitere Bände in der Reihe http://www.springer.com/series/13088

Kim Nobis · Martin Schumann ·
Boris Lehmann · Hans-Joachim Linke

Die Anwendung der ländlichen Bodenordnung bei der Renaturierung und naturnahen Entwicklung von Fließgewässern

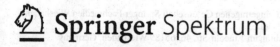 Springer Spektrum

Kim Nobis
Fachbereich Bau- und Umweltingenieur-
wissenschaften, TU Darmstadt
Darmstadt, Deutschland

Boris Lehmann
Fachbereich Bau- und Umweltingenieur-
wissenschaften, TU Darmstadt
Darmstadt, Deutschland

Martin Schumann
Referat 44, Aufsichts- und
Dienstleistungsdirektion
Trier, Deutschland

Hans-Joachim Linke
Fachbereich Bau- und Umweltingenieur-
wissenschaften, TU Darmstadt
Darmstadt, Deutschland

ISSN 2197-6708 ISSN 2197-6716 (electronic)
essentials
ISBN 978-3-658-30252-8 ISBN 978-3-658-30253-5 (eBook)
https://doi.org/10.1007/978-3-658-30253-5

Die Deutsche Nationalbibliothek verzeichnet diese Publikation in der Deutschen Nationalbibliografie; detaillierte bibliografische Daten sind im Internet über http://dnb.d-nb.de abrufbar.

Planung/Lektorat: Stephanie Preuss
Springer Spektrum ist ein Imprint der eingetragenen Gesellschaft Springer Fachmedien Wiesbaden GmbH und ist ein Teil von Springer Nature.
Die Anschrift der Gesellschaft ist: Abraham-Lincoln-Str. 46, 65189 Wiesbaden, Germany

Was Sie in diesem *essential* finden können

- Erläuterung wesentlicher Grundlagen der Renaturierung und naturnahen Fließgewässerentwicklung sowie der ländlichen Bodenordnung als zentrales Instrument zur Bereitstellung der für solche Maßnahmen erforderlichen Flächen
- Praxisbeispiel zur Erläuterung der Interaktion zwischen Renaturierung bzw. naturnaher Fließgewässerentwicklung und ländlicher Bodenordnung
- Handlungsempfehlungen zur Koordinierung der Flächenbereitstellung durch ländliche Bodenordnung für die Renaturierung und naturnahe Fließgewässerentwicklung

Inhaltsverzeichnis

Über die Autoren

Prof. Dr.-Ing. habil. Boris Lehmann, Jg. 1971, studierte Bauingenieurwesen mit Vertiefung Wasserbau an der Universität Karlsruhe. Nach dem Studium war er zwei Jahre an der Landesanstalt für Umweltschutz Baden-Württemberg im Sachgebiet „Oberirdische Gewässer – Gewässerökologie" tätig und verfasste dort die Leitfadenreihe „Hydraulik naturnaher Fließgewässer" und den Leitfaden „Rauhe Rampen in Fließgewässern". Von 2000 an arbeitete er am Institut für Wasser und Gewässerentwicklung der Universität Karlsruhe (ab 2009 Karlsruher Institut für Technologie), wo er 2005 zum Thema „Empfehlungen zur naturnahen Gewässerentwicklung im urbanen Raum unter Berücksichtigung der Hochwassersicherheit" promovierte. Ab 2007 leitete er das Theodor-Rehbock-Flussbaulaboratorium und ab 2009 war er stellvertretender Institutsleiter. 2012 habilitierte er mit der Widmung „Wasserbau" und nahm 2013 den Ruf auf den Lehrstuhl für Wasserbau und Hydraulik an die Technische Universität Darmstadt an.

Prof. Dr.-Ing. habil. Hans-Joachim Linke, Jg. 1962, studierte an der Rheinischen Friedrich-Wilhelms-Universität Bonn Vermessungswesen mit dem Schwerpunkt Bodenordnung und Bodenwirtschaft. Nach dem Studium absolvierte er den Vorbereitungsdienst zum höheren vermessungstechnischen Verwaltungsdienst ehe er als wissenschaftlicher Assistent und, nach erfolgreicher Promotion, als Oberingenieur am Institut für Städtebau, Bodenordnung und Kulturtechnik der Rheinischen Friedrich-Wilhelms-Universität Bonn tätig war. Zur Vertiefung seiner berufspraktischen Erfahrungen agiert er ab 1997 als Projektleiter im Bereich Stadt- und Baulandentwicklung bei der LEG Landesentwicklungsgesellschaft NRW GmbH und nahm im Jahr 2002 den Ruf als Professor für Landmanagement an der Technischen Universität Darmstadt an. Seit 2016 betreut er auch das Fachgebiet Raum- und Infrastrukturplanung.

Kim Nobis, M.Sc., Jg. 1994, studierte von 2012–2018 Umweltingenieurwissenschaften mit der Vertiefung Raum- und Infrastrukturplanung und Gewässer- und Bodenschutz an der Technischen Universität Darmstadt und beendete den Studiengang mit dem Master of Science. Seit ihrem Abschluss ist sie als wissenschaftliche Mitarbeiterin und Doktorandin am Fachgebiet Landmanagement der Technischen Universität Darmstadt tätig. Sie promoviert zum Thema „Entwicklung innovativer Lösungsansätze für die Problematik der Flächenbereitstellung und -sicherung bei der Renaturierung und naturnahen Entwicklung von Fließgewässern im ländlichen Raum".

Dipl.-Ing. Martin Schumann, Jg. 1960, hat von 1980–1985 Geodäsie an der Rheinischen Friedrich-Wilhelms-Universität Bonn studiert und als Dipl.-Ing. 1988 seine Zweite Staatsprüfung abgelegt. Nach verschiedenen Tätigkeiten in der Flurbereinigungsverwaltung in Rheinland-Pfalz ist er seit 2012 Leiter des Referates Ländliche Entwicklung, ländliche Bodenordnung bei der Aufsichts- und Dienstleistungsdirektion in Trier und damit Leiter der oberen Flurbereinigungsbehörde in Rheinland-Pfalz. Seit 2017 ist er Lehrbeauftragter an der Technischen Universität Dresden und seit 2019 Mitherausgeber der Fachzeitschrift „Flächenmanagement und Bodenordnung".

Abkürzungsverzeichnis

AfB	Amt für Bodenmanagement
BGB	Bürgerliches Gesetzbuch
BZV	Beschleunigtes Zusammenlegungsverfahren
DLR	Dienstleistungszentrum Ländlicher Raum
DVWK	Deutscher Verband für Wasserwirtschaft und Kulturbau e. V.
EG	Europäische Gemeinschaft
EU	Europäische Union
FLT	Freiwilliger Landtausch
FlurbG	Flurbereinigungsgesetz
GBO	Grundbuchordnung
GrdstVG	Grundstückverkehrsgesetz
HVBG	Hessische Verwaltung für Bodenmanagement und Geoinformation
HWG	Hessisches Wassergesetz
LAWA	Bund/Länder-Arbeitsgemeinschaft Wasser
LfU	Landesanstalt für Umweltschutz Baden-Württemberg
LfULG	Sächsisches Landesamt für Umwelt, Landwirtschaft und Geologie
LPachtVG	Landpachtverkehrsgesetz
LUBW	Landesanstalt für Umwelt, Messungen und Naturschutz Baden-Württemberg bzw. seit dem 1. Dezember 2017 Landesanstalt für Umwelt Baden-Württemberg
LWA NRW	Landesamt für Wasser und Abfall Nordrhein-Westfalen
RP	Regierungspräsidium
TG	Teilnehmergemeinschaft
UMEG	Zentrum für Umweltmessungen, Umwelterhebungen und Gerätesicherheit
VwVfG	Verwaltungsverfahrensgesetz
WHG	Wasserhaushaltsgesetz
WRRL	Wasserrahmenrichtlinie

Abbildungsverzeichnis

Tabellenverzeichnis

Einleitung

1

Fließgewässer wurden in den letzten Jahrhunderten und bis in die 1980er Jahre durch Maßnahmen im Bereich des Wasserbaus und der Flurbereinigung begradigt, ausgebaut, aufgestaut und eingedeicht. Diese Landschaftskultivierung erfolgte aufgrund politischer Vorgaben zur Sicherstellung der Ernährung durch eine Vergrößerung der landwirtschaftlichen Anbaufläche bzw. zur Nutzung der Wasserkraft. Komplett natürliche und durch Eingriffe des Menschen unveränderte Fließgewässer existieren daher in Deutschland nur noch vereinzelt. Durch die beobachteten Folgen in und an ausgebauten Fließgewässern ist heute bekannt, dass der konventionelle Ausbau der Fließgewässer negative ökologische Auswirkungen, aber auch eine Erhöhung des Hochwasserrisikos am Unterlauf, mit sich bringt. Deshalb wird bereits seit den 1990er Jahren und mit dem Inkrafttreten der europäischen Wasserrahmenrichtlinie im Jahr 2000 verstärkt eine naturnahe Entwicklung anthropogen veränderter Fließgewässer hin zu eigendynamisch resistenten und resilienten Systemen angestrebt. Derartige Fließgewässer weisen eine hohe ökologische Qualität auf, sind geprägt durch eine Heterogenität der hydromorphologischen Strukturen und Prozesse sowie einer guten Vernetzung mit dem Umland. Kurzum folgt daraus: naturnahe Gewässersysteme benötigen Platz für einen räumlichen Korridor, innerhalb dessen sie sich entwickeln können. Die Anwendung der ländlichen Bodenordnung spielt dabei eine zentrale Rolle, da sie ein wichtiges Instrument zur Bereitstellung und Sicherung der für eine Renaturierung benötigten Fläche darstellt.

© Springer Fachmedien Wiesbaden GmbH, ein Teil von Springer Nature 2020
K. Nobis et al., *Die Anwendung der ländlichen Bodenordnung bei der Renaturierung und naturnahen Entwicklung von Fließgewässern*, essentials,
https://doi.org/10.1007/978-3-658-30253-5_1

In diesem *essentials* wird ein Überblick über die Renaturierung und naturnahe Entwicklung von Fließgewässern einschließlich der hierfür erforderlichen Flächenbereitstellung durch die ländliche Bodenordnung gegeben. Ein Praxisbeispiel verdeutlicht anschließend die Verknüpfung und Anwendung der beiden Themenaspekte. Sich daraus ergebende Handlungsempfehlungen und ein abschließendes Fazit runden dieses *essentials* ab.

Renaturierung und naturnahe Entwicklung von Fließgewässern

2

Scherle definiert den Begriff **Renaturierung** als „die Herstellung oder Entwicklung naturnaher Gewässerzustände bezüglich der Morphologie, Hydrologie und Wasserqualität, die eine Wiederbesiedlung der Gewässer mit einem gewässertypischen Inventar der Flora und Fauna ermöglichen" (Scherle 1999, S. 1–1). Er weist zudem daraufhin, dass „mit der Renaturierung ein Naturzustand zwar angestrebt aber i.d.R nicht erreicht werden wird, da auch zukünftig eine direkte oder indirekte Nutzung der Gewässer nicht verhindert werden kann und soll" (Scherle 1999, S. 1–1). Folglich gibt es auch bei einem naturnahen Zustand eines Gewässers einen Rest an anthropogenen Einwirkungen, um bspw. beizubehaltende Nutzungsanforderungen gewährleisten zu können. **Gewässerentwicklung** dagegen meint „das eigendynamische, durch Erosions- und Sedimentationsprozesse verursachte und durch Sukzession der Vegetation beeinflusste Entstehen naturnaher Gewässerstrukturen" (Scherle 1999, S. 1–2), also denjenigen Prozess, der sich bspw. nach einer Renaturierung infolge eigendynamischer hydromorphologischer Prozesse einstellen kann.

2.1 Geschichtlicher Hintergrund

Die Umgestaltung natürlicher Fließgewässer begann in Deutschland bereits im 15. Jahrhundert (vgl. Otto 1996, S. 25). Die Gewässerverläufe wurden im nicht schiffbaren Bereich vor allem zur Entwässerung der angrenzenden landwirtschaftlichen Flächen (z. B. wiesenbauliche Maßnahmen) und im schiffbaren Bereich zur besseren Befahrbarkeit mit Flöße und Schiffen und zum Schutz vor Hochwasser durch entsprechende Maßnahmen verkürzt, begradigt und vertieft (siehe Abb. 2.1) sowie durch die Verwendung von hydraulisch gut bemessbaren

© Springer Fachmedien Wiesbaden GmbH, ein Teil von Springer Nature 2020
K. Nobis et al., *Die Anwendung der ländlichen Bodenordnung bei der Renaturierung und naturnahen Entwicklung von Fließgewässern*, essentials,
https://doi.org/10.1007/978-3-658-30253-5_2

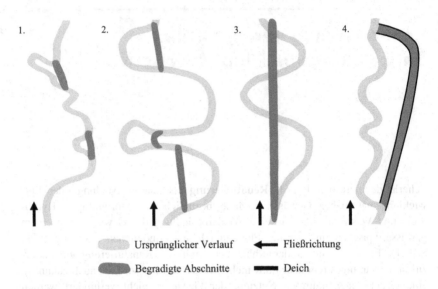

Ursprünglicher Verlauf ⬅ Fließrichtung

Begradigte Abschnitte ▬ Deich

Abb. 2.1 Eingriffe in den Verlauf eines Fließgewässers: 1. Aufhebung von Unregelmäßigkeiten, 2. Durchstiche von großen Krümmungen, 3. Vollständige Begradigung, 4. Verlegung des Laufes (z. B. an den Talrand) und Eindeichung. (Eigene Darstellung nach Scherle 1999, S. 1–33)

und bautechnisch einfach herzustellenden Regelprofilen (Trapez-, Doppeltrapez-, V- und Kastenprofil) weiter technisch ausgebaut.

Die Vorteile des technischen Gewässerausbaus, der zwischen den 30er und 80er Jahren des 19. Jahrhunderts aufgrund der „Technisierung, der Intensivierung der landwirtschaftlichen Nutzung und […] [des] Einsatz[es] leistungsfähiger wasserbaulicher Geräte" (Gunkel 2000, S. 109) intensiviert wurde und seinen Höhepunkt Ende der 60er Jahre erreichte (vgl. Dahl 2016, S. 187), waren u. a. die beschleunigte Wasserabführung, der geringere Unterhaltungsaufwand sowie die Sicherung der Gewässernutzungen und gewässernahen Vorlandflächen zur Besiedlung oder landwirtschaftlichen Nutzung (vgl. Gunkel 1996, S. 200). Durch den Bau von Staustufen und Wasserkraftwerken konnten zudem die Schiffbarkeit erleichtert und Energie erzeugt werden (vgl. Gunkel 1996, S. 175).

Da noch bis ins 19. Jahrhundert hinein mehr als 80 % der deutschen Bevölkerung von der Landwirtschaft und den dort erwirtschafteten Erträgen abhängig waren, wurde als weiteres wesentliches Ziel der Eingriffe die Schaffung der Bedingungen für eine intensivere Nutzung gewässernaher landwirtschaftlicher

Flächen deklariert. So wurde durch die Gewässerbegradigung und die Sohlenver-
tiefung zum einen die bestehenden Vorlandflächen entwässert, zum anderen durch
das Abdeichen und Kultivieren von Flussauen auch neue Anbaufläche geschaffen
(vgl. Otto 1996, S. 25).

Durch die Verbesserung der Schiffbarmachung der Fließgewässer entstanden
wirtschaftliche Vorteile durch den schnelleren und kostengünstigeren Transport
von Massengütern. Aber auch der historische Hochwasserschutz spielte bei der
Flussregulierung eine wichtige Rolle, denn man verfolgte vielerorts bis ca. 1970
den Ansatz, durch begradigte Läufe und Eindeichungen eine rasche Hochwasser-
abfuhr bewerkstelligen zu können – ungeachtet der Folgen für die Unterlieger.

Bis Ende der 1970er Jahre war die anthropogene Umgestaltung der
Fließgewässer vollständig von den technischen Anforderungen, den politischen
Vorgaben sowie den Nutzungsansprüchen der Gesellschaft geprägt, weshalb in
damaligen Lehrbüchern die Gewässer häufig als Vorfluter bezeichnet wurden
(vgl. Otto 1996, S. 25). Ökologische Ansprüche und Aspekte wurden komplett
vernachlässigt.

Die negativen Folgen der Eingriffe wurden rund „20 bis 30 Jahre nach Beginn
des intensiven Gewässerausbaus [...] zunehmend deutlicher" (Gunkel 1996,
S. 200) und in den 1990er Jahren in mehreren Veröffentlichungen analysiert,
z. B. Gunkel (1996 und 2000) oder Otto (1996). Negative Auswirkungen sind
u. a. (vgl. Gunkel 1996, S. 200 ff., 2000, S. 110 ff.; Otto 1996, S. 26 f.):

• Verlust von Biotopen im Gewässer mangels Strukturvielfalt
• Verlust von Überflutungsräumen und den dortigen ökologisch wichtigen Auen
• Behinderung der lateralen und longitudinalen Durchgängigkeit für aquatische
  Lebewesen
• Behinderung der Durchgängigkeit des Geschiebes entlang der Gewässersohle
• Rückgang der Artenvielfalt
• Verarmung des Landschaftsbildes, je nach Grundwasserinteraktion gar Ver-
  steppung der Landschaft
• Zunahme der Hochwasserspitzen und -mengen
• Verschlechterung der Wasserqualität, z. B. durch diffuse Einträge aus der
  Landwirtschaft

Das Bewusstwerden der negativen Folgen anthropogener Eingriffe sowie das
steigende Umweltbewusstsein der Gesellschaft führte bei der Fließgewäs-
serbewirtschaftung zu einem Umdenkungsprozess. Ab Mitte der 1970er Jahre
rückte der „naturnahe Wasserbau" in den Vordergrund, ab Anfang der 1980er
Jahren begann in vielen deutschen Bundesländern die Renaturierung erster

Fließgewässer, z. B. zwischen 1982 und 1986 die Renaturierung des Dellwiger Baches bei Dortmund (vgl. Gunkel 1996, S. 244). Seit den 2000er existieren zudem Vorgaben, Methoden und Konzepte zum naturverträglichen Hochwasserschutz, zur umweltverträglichen Wasserkraftnutzung sowie zur Initiierung eigendynamischer Gewässerentwicklungen.

Die Veröffentlichung von Richtlinien (bspw. Landesamt für Wasser und Abfall Nordrhein-Westfalen 1980: „Richtlinie für naturnahen Ausbau und Unterhaltung der Fließgewässer in Nordrhein-Westfalen"), Leitfäden und Merkblättern (bspw. Deutscher Verband für Wasserwirtschaft und Kulturbau e. V. 1984: „Ökologische Aspekte bei Ausbau und Unterhaltung von Fließgewässern") sowie das Erscheinen von Lehr- und Fachbüchern (bspw. Lange und Lecher 1986; Kern 1994; Patt et al. 1998; Hütte 2000; Schiechtl und Stern 2002; Gebler 2005) verdeutlichen diesen Umdenkprozess im Wasserbau. Des Weiteren wurde z. B. im Hessischen Wassergesetz von 1981 die Rückführung „nicht naturnah ausgebauter Gewässer […] in einen naturnahen Zustand" (§ 46 HWG) gefordert, vorausgesetzt das Wohl der Allgemeinheit steht dem nicht entgegen (vgl. LWA NRW 1980; DVWK 1984).

2.2   EU-Wasserrahmenrichtlinie

Im Jahr 2000 erließ die Europäische Gemeinschaft die Richtlinie 2000/60/EG des Europäischen Parlamentes und des Rates vom 23. Oktober 2000 zur Schaffung eines Ordnungsrahmens für Maßnahmen der Gemeinschaft im Bereich der Wasserpolitik (auch bekannt als Wasserrahmenrichtlinie, abgekürzt mit WRRL), die für den Schutz der Ressource Wasser – unterteilt in Oberflächengewässer und Grundwasser – einheitliche Anforderungen für die Mitgliedstaaten der EU formuliert. Die Ziele für Oberflächengewässer werden nach Art. 4 WRRL wie folgt definiert:

- Durchführen von Maßnahmen, „um eine Verschlechterung des Zustands aller Oberflächenwasserkörper zu verhindern" (Art. 4 Abs. 1 a) i) WRRL)
- Erreichung eines guten ökologischen und chemischen Zustandes bzw. Potenzials[1]
- Verringerung der „Verschmutzung durch prioritäre Stoffe" (Art. 4 Abs. 1 a) iv) WRRL)

---

[1]Der Begriff „Zustand" wird für natürliche Gewässer verwendet, wohingegen für künstliche bzw. erheblich veränderte Wasserkörper der Begriff „Potenzial" genutzt wird.

Aus Art. 4 WRRL wird deutlich, dass die WRRL die umweltpolitische Grundlage für die Durchführung von Renaturierungen bildet, auch wenn das Wort „Renaturierung" selbst nicht genannt wird. Die Vorgaben der WRRL wurden juristisch durch die 7. Novelle des Wasserhaushaltsgesetzes[2] (WHG) in nationales Recht umgesetzt und darüber hinaus in den untergeordneten Landeswassergesetzen konkretisiert.

Abb. 2.2 zeigt den Zeitplan zur Umsetzung der WRRL, aufgeteilt in drei Bewirtschaftungszeiträume. Gemäß Art. 4 Abs. 1 WRRL war eine Zielerreichung bis 2015 vorgesehen. Nach Art. 4 Abs. 4 WRRL ist den EU-Mitgliedstaaten

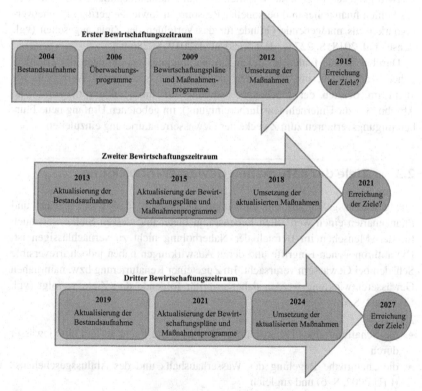

Abb. 2.2 Zeitplan zur Umsetzung der WRRL. (Eigene Darstellung)

---

[2]Neufassung des Wasserhaushaltsgesetzes vom 19.08.2002, BGBl. I S. 3245.

jedoch eine Fristverlängerung um zwei weitere Zyklen, d.h. bis 2021 bzw. spätestens 2027, erlaubt. Die Voraussetzung hierfür ist, dass sich der Zustand „des Wasserkörpers nicht weiter verschlechtert" (Art. 4 Abs. 4 WRRL) bzw. weitere Bedingungen (z. B. Schwierigkeiten bei der technischen Durchführung, zu hohe Kosten, ungünstige natürliche Randbedingungen) gegeben sind. Eine Übersicht über die EU-Mitgliedstaaten, die eine Fristverlängerung in Anspruch genommen haben, können den Dokumenten der Europäischen Kommission entnommen werden (vgl. European Commission 2019).

Fachleute gehen inzwischen davon aus, dass Deutschland unter den aktuellen Rahmenbedingungen die WRRL-Ziele bis 2027 nicht erreichen wird. Neben dem Freiwilligkeitsansatz – keine Verpflichtung zur Maßnahmenumsetzung – werden das Fehlen finanzieller und personeller Ressourcen sowie die geringe Flächenverfügbarkeit als maßgebende Gründe für das Verfehlen der Ziele angesehen (vgl. Reese et al. 2018, S. 227 ff.; Hendricks et al. 2019, S. 286 ff.).

Darüber hinaus fehlen in vielen Flurbereinigungsverwaltungen die erforderlichen Kapazitäten, um neben den aktuell schon bestehenden Aufgaben, vor allem im Bereich der Flächenbereitstellung für Infrastrukturvorhaben (siehe Abschn. 3.3 zur Unternehmensflurbereinigung), im gebotenen Umfang neue Flurbereinigungsverfahren zum Zwecke der Gewässerrenaturierung einzuleiten.

2.3 Ziele der naturnahen Gewässerentwicklung

Fließgewässer gelten als ein einmaliges Ökosystem, das diversen Tier- und Pflanzenarten einen wertvollen Lebensraum bietet und dessen Stellenwert auch für den Menschen im Bereich der Naherholung nicht zu vernachlässigen ist. Die anthropogenen Eingriffe und deren Auswirkungen haben jedoch irreversible Schäden bei Gewässern verursacht. Im Zuge einer Renaturierung bzw. naturnahen Gewässerentwicklung werden daher prioritär folgende drei Ziele verfolgt (vgl. LfU 2002, S. 6):

- die Schaffung eines Lebensraumes für Flora und Fauna in und am Gewässer durch
- die „naturnahe Regelung des Wasserhaushalts und des Abflussgeschehens" (LfU 2002, S. 6) und zugleich
- die Herstellung eines naturnahen Gewässerlaufes

Während des Planungsprozesses sind zusätzlich auch gesellschaftliche Anforderungen und Rahmenbedingungen, wie z. B. die Nutzung landwirtschaftlicher Fläche oder der Schutz vor Hochwasser, zu berücksichtigen.

2.4   Planungsablauf und Maßnahmenvorschläge

Der Ablauf einer Gewässerentwicklungsplanung kann in sechs Stufen eingeteilt werden, die im Nachfolgenden vorgestellt werden.

1. Stufe – Datenerhebung
Für das Projektgebiet sollen zu Beginn alle relevanten Daten bzw. Unterlagen ermittelt werden. Dazu gehören übergeordnete Planungen, Schutzgebiete/ Biotope, naturräumliche Daten, historische Gewässerläufe und -nutzungen, Gewässerzustände, hydrologische und hydraulische Daten, Gutachten/Studien sowie rechtsverbindliche Pläne (vgl. LfU 2002, S. 16 f.).

2. Stufe – Bestandsaufnahme
Mithilfe einer Ortsbegehung wird der Ist-Zustand des Projektgebietes detailliert untersucht. Dabei werden insbesondere die Gewässermorphologie, die Vegetation, die angrenzende Flächennutzung, die wasserbaulichen Anlagen sowie die gewässernahen Infrastrukturen erfasst (vgl. Lehmann 2005, S. 47).

3. Stufe – Erstellung eines Leitbildes
Das standortspezifische Leitbild des naturnahen Fließgewässerabschnittes wird aus Betrachtung von räumlichen, historischen und der theoretisch konstruierten Referenzen abgeleitet. Es berücksichtigt einerseits die nach wie vor bestehenden Nutzungsanforderungen, anderseits aber auch das hydromorphologische Entwicklungspotenzial des Fließgewässers. Leitbildkataloge, wie bspw. ökoregionalspezifische Fließgewässertypen (vgl. Umweltbundesamt 2020a), Gewässerlandschaftsdeklarationen (vgl. umweltbüro essen 2003) oder hydromorphologische Steckbriefe (vgl. Umweltbundesamt 2014), sollen die Leitbilderarbeitung erleichtern.

4. Stufe – Bewertung des aktuell vorherrschenden Zustandes
Bei diesem Schritt werden der Ist-Zustand und das Leitbild miteinander verglichen, um hydromorphologische Defizite zu erkennen und deren Ursachen zu deklarieren. Auch hier gibt es ein hilfestellendes Verfahren zur vereinfachten Defizitfindung: die Gewässerstrukturgütebewertung bewertet primär strukturelle Gegebenheiten des Gewässerlaufes, der Ufer und Vorlandbereiche (vgl. Umweltbundesamt 2020b). Einzelne Bundesländer haben das Verfahren leicht modifiziert und an die jeweiligen naturräumlichen Gegebenheiten angepasst.

5. Stufe – Formulierung realisierbarer Ziele
Ausgehend von den identifizierten Defiziten und erkannten Ursachen werden die konkreten Entwicklungsziele definiert. Dabei werden die Sparten „Ökologie – Umwelt- und Naturschutz", „Gesellschaft – Schutz und Nutzen" sowie „Ökonomie – wirtschaftliche Aspekte" fokussiert. Eine Übersicht über mögliche Haupt- und Teilziele formuliert z. B. die Arbeitsanleitung zur Erstellung von Gewässerentwicklungsplänen der LfU[3] (vgl. LfU 2002, S. 21; Lehmann 2005, S. 51).

6. Stufe – Maßnahmenvorschläge
Als Ergebnis der Planung werden konkrete Maßnahmen formuliert, die zur Erreichung der Entwicklungsziele umgesetzt werden sollen. Wie in Abb. 2.3 dargestellt, werden die Maßnahmen in die Kategorien „Erhalten", „Entwickeln" und „Umgestalten" eingestuft, zeitlich aufeinander angepasst und in einem Plan zusammenfassend dargestellt (vgl. LfU 2002, S. 22 f.; Lehmann 2005, S. 52 f.).

Abb. 2.3 Maßnahmenvorschläge. (Eigene Darstellung nach Lehmann 2005, S. 52)

---

[3]Die Landesanstalt für Umweltschutz (LfU) und das Zentrum für Umweltmessungen, Umwelterhebungen und Gerätesicherheit (UMEG) wurden im Jahr 2006 zur Landesanstalt für Umwelt, Messungen und Naturschutz Baden-Württemberg (LUBW) zusammengeführt. Seit dem 1. Dezember 2017 gilt die Bezeichnung Landesanstalt für Umwelt Baden-Württemberg unter Beibehaltung des bisherigen Kürzels.

2.5 Planungsrecht bei der Renaturierung

Nach § 67 Abs. 2 WHG⁴ wird ein Gewässerausbau als „die Herstellung, die Beseitigung und die wesentliche Umgestaltung eines Gewässers oder seiner Ufer" (§ 67 Abs. 2 Satz 1 WHG) definiert und impliziert folglich die Renaturierung und somit die dauerhafte Veränderung eines Gewässers. Grundsätzlich bedarf ein solcher Ausbau der Planfeststellung (vgl. § 68 Abs. 1 WHG). Wenn das Vorhaben keiner Pflicht zur Durchführung einer Umweltverträglichkeitsprüfung unterliegt, kann auch die Erteilung einer Plangenehmigung ausreichen (vgl. § 68 Abs. 1 Satz 1 WHG), wenn die weiteren Voraussetzungen nach § 74 Abs. 6 Verwaltungsverfahrensgesetz⁵ (VwVfG) erfüllt sind.

In beiden Fällen darf eine Feststellung oder Genehmigung des Plans nur erfolgen, wenn das Wohl der Allgemeinheit nicht beeinträchtig wird und die weiteren Vorgaben des WHGs und weiterer öffentlich-rechtlicher Vorschriften, z. B. Vorschriften zum Naturschutz, berücksichtigt werden (vgl. § 68 Abs. 2 WHG).

---

⁴Gesetz zur Ordnung des Wasserhaushalts vom 31.07.2009 (BGBl. I S. 2585), in Kraft getreten am 07.08.2009 bzw. 01.03.2010, zuletzt geändert durch Gesetz vom 04.12.2018 (BGBl. I S. 2254) m.W.v. 11.06.2019.

⁵Verwaltungsverfahrensgesetz in der Fassung der Bekanntmachung vom 23. Januar 2003 (BGBl. I S. 102), zuletzt geändert durch Artikel 5 Absatz 25 des Gesetzes vom 21. Juni 2019 (BGBl. I S. 846).

Bodenordnung als wichtiger Bestandteil zur Umsetzung von Maßnahmen im ländlichen Raum

3

Zur Umsetzung flächenbeanspruchender Maßnahmen und Planungen im ländlichen Raum ist i. d. R. ein Flächenmanagement erforderlich, d. h. die Bereitstellung geeigneter Flächen zu tragfähigen Konditionen in einem integrierten Planungsprozess und im Ausgleich mit den Belangen der bisherigen Nutzer / Eigentümer dieser Flächen. Ein solches Flächenmanagement kann mittels privatrechtlicher oder öffentlich-rechtlicher Instrumente erfolgen. Bei der Wahl des im gegebenen Einzelfall zulässigen Instruments ist das rechtsstaatliche Prinzip des Grundsatzes der Verhältnismäßigkeit zu wahren; d. h. dass ein Grundrechtseingriff (z. B. durch eine hoheitliche Bodenordnung) einem legitimen Zweck dient und als [legitimes] Mittel zu diesem Zweck geeignet, erforderlich und angemessen ist (vgl. BVerfG, 15.12.1965 – 1 BvR 513/65, BVerfGE 19, 342 (348 f.)). Nachfolgend werden die Instrumente und ihre wesentlichen Einsatzmöglichkeiten in der Reihenfolge der Schwere des Eingriffs in das Eigentum kurz beschrieben.

3.1 Privatrechtliche Bodenordnungsverfahren

Zu den privatrechtlichen Instrumenten gehören Nutzungs- und Kaufverträge auf Grundlage des Bürgerlichen Gesetzbuchs[1] (BGB). Privatrechtliche Regelungen kommen nur auf freiwilliger Basis und durch Einigung der Vertragsbeteiligten zustande.

---

[1]Bürgerliches Gesetzbuch in der Fassung der Bekanntmachung vom 2. Januar 2002 (BGBl. I S. 42, 2909; 2003 I S. 738), zuletzt geändert durch Artikel 1 des Gesetzes vom 21. Dezember 2019 (BGBl. I S. 2911).

© Springer Fachmedien Wiesbaden GmbH, ein Teil von Springer Nature 2020
K. Nobis et al., *Die Anwendung der ländlichen Bodenordnung bei der Renaturierung und naturnahen Entwicklung von Fließgewässern*, essentials,
https://doi.org/10.1007/978-3-658-30253-5_3

Der bekannteste und am meisten verbreitete Nutzungsvertrag bei land-
und forstwirtschaftlich genutzten Grundstücken ist der Pachtvertrag nach
§§ 581 ff. BGB. Durch einen Landpachtvertrag nach § 585 BGB wird ein Grundstück zur überwiegend landwirtschaftlichen Nutzung verpachtet. In der Praxis
bestehen neben schriftlich abgeschlossenen Verträgen vielfach auch rein münd-
lich vereinbarte Pachtverträge. Neben dem Landpachtvertrag gibt es auch andere
Möglichkeiten von privatrechtlichen Nutzungsvereinbarungen. So kann durch
Dienstbarkeiten (Grunddienstbarkeiten (§§ 1018 ff. BGB), beschränkte persön-
liche Dienstbarkeiten (§§ 1090 ff. BGB), Nießbrauch (§§ 1030 ff. BGB)) eine
unmittelbare Nutzungsbefugnis eines Berechtigten an einem Grundstück vereinbart werden. Mit einer Reallast (§§ 1105 ff. BGB) kann eine wiederkehrende
Leistung zugunsten eines Berechtigten aus einem Grundstück vereinbart werden.
Beide Arten können durch eine Eintragung im Grundbuch dinglich gesichert
werden.

Eine Eigentumsänderung an einem Grundstück (oder grundstücksgleichen
Rechten oder Erbbaurechten) erfolgt privatrechtlich durch einen Grundstückskauf-
oder -tauschvertrag (§§ 925 ff. BGB). Solche Verträge müssen zu ihrer Wirksam-
keit formellen Anforderungen genügen, wie z. B. einer Beurkundung durch einen
Notar. Detaillierte Regelungen enthalten das BGB und die Grundbuchordnung[2]
(GBO).

Solche privatrechtlichen Maßnahmen bedürfen ggf. einer Anzeige oder einer
Genehmigung. So ist eine Verpachtung von landwirtschaftlichen Flächen nach
§ 1 des Landpachtverkehrsgesetzes[3] (LPachtVG) grundsätzlich anzeigepflichtig.
Bundesländer können die Verpachtung von Grundstücken bis zu einer bestimmten
Größe von der Anzeigepflicht ausnehmen. In der Praxis spielt diese Anzeige-
pflicht keine große Rolle.

Eine Veräußerung von landwirtschaftlichen Grundstücken bedarf nach den
Bestimmungen des Grundstückverkehrsgesetzes[4] (GrdstVG) im Regelfall einer

---

[2]Grundbuchordnung in der Fassung der Bekanntmachung vom 26. Mai 1994 (BGBl. I
S. 1114), zuletzt geändert durch Artikel 11 des Gesetzes vom 12. Dezember 2019 (BGBl. I
S. 2602).
[3]Gesetz über die Anzeige und Beanstandung von Landpachtverträgen (Landpachtverkehrsgesetz – LPachtVG) vom 8. November 1985 (BGBl. I S. 2075), zuletzt geändert durch
Artikel 15 des Gesetzes vom 13. April 2006 (BGBl. I S. 855).
[4]Gesetz über Maßnahmen zur Verbesserung der Agrarstruktur und zur Sicherung land- und
forstwirtschaftlicher Betriebe (Grundstückverkehrsgesetz – GrdstVG) in der im Bundesgesetzblatt Teil III, Gliederungsnummer 7810-1, veröffentlichten bereinigten Fassung,
zuletzt geändert durch Artikel 108 des Gesetzes vom 17. Dezember 2008 (BGBl. I S. 2586).

Genehmigung. Auch hier können die Bundesländer Mindestgrundstücksgrößen festgelegen, ab denen eine Genehmigung erforderlich ist. Bei Grundstücksverkäufen steht der öffentlichen Hand ggf. ein gesetzlich geregeltes Vorkaufsrecht zu. So steht den Bundesländern nach § 99a WHG u. a. ein Vorkaufsrecht an Grundstücken zu, die für Maßnahmen des Hochwasserschutzes benötigt werden.

3.2   Privatnützige Bodenordnung nach dem Flurbereinigungsgesetz

Als öffentlich-rechtliches Instrumentarium zur Durchführung eines strukturierten Landmanagements im ländlichen Raum bietet sich eine Bodenordnung nach dem Flurbereinigungsgesetz[5] (FlurbG) an. Das FlurbG stellt folgende Verfahrenstypen grundsätzlich zur Verfügung:

- die Regelflurbereinigung nach §§ 1, 4 und 37 FlurbG,
- das vereinfachte Flurbereinigungsverfahren nach § 86 FlurbG,
- die sogenannte Unternehmensflurbereinigung nach § 87 FlurbG,
- das beschleunigte Zusammenlegungsverfahren (BZV) nach § 91 FlurbG,
- der freiwillige Landtausch (FLT) nach § 103 a ff. FlurbG.

Eine Besonderheit unter diesen Verfahrensarten ist die fremdnützige Unternehmensflurbereinigung (siehe Abschn. 3.3).

Die privatnützigen Verfahrensarten verfolgen in erster Linie eine verbesserte Nutzung der Grundstücke durch ihre Eigentümer, d. h. eine Zusammenlegung zersplittert liegender Grundstücke eines Eigentümers zu besser bewirtschaftbaren Einheiten und eine Verbesserung der Erschließung (siehe Abb. 3.1). Die privatnützigen Instrumente sollen dabei eine verbesserte Nutzung der Grundstücke auch in den Fällen ermöglichen, in denen die betroffenen Grundstückeigentümer sich nicht selbst auf die hierzu notwendige Neuordnung ihrer Eigentumsrechte einigen können (vgl. BVerfG, Urt. V. 22.05.2001 – 1 BvR 1512/97, 1 BvR 1677/97 – BVerfGE 104, 1). Die Anwendung ist nach § 1 FlurbG auf ländlichen Grundbesitz begrenzt.

---

[5]Flurbereinigungsgesetz in der Fassung der Bekanntmachung vom 16. März 1976 (BGBl. I S. 546), zuletzt geändert durch Artikel 17 des Gesetzes vom 19. Dezember 2008 (BGBl. I S. 2794).

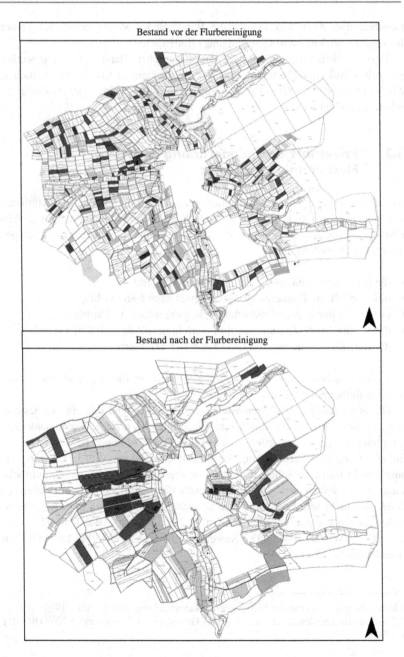

Abb. 3.1 Vereinfachtes Flurbereinigungsverfahren Miehlen – Vergleich des Bestandes vor und nach der Flurbereinigung. (Eigene Darstellung nach DLR Westerwald-Osteifel 2011)

Die verschiedenen Verfahren (siehe Abschn. 3.2.2 bis 3.2.5) unterscheiden sich nach ihren Neuordnungszielen und sind teilweise auf eine Verfahrensvereinfachung und -beschleunigung ausgerichtet.

3.2.1 Wesentliche Verfahrensschritte und Grundsätze eines Flurbereinigungsverfahrens

Das Flurbereinigungsverfahren ist ein sehr komplexes Verwaltungsverfahren, dass sich aus vielen Verfahrensschritten mit unterschiedlichen Arbeiten und einer Vielzahl von Verwaltungsakten zusammensetzt (siehe Abb. 3.2). Nachfolgend werden die wesentlichsten Schritte eines Flurbereinigungsverfahrens aufgeführt.

Vor der Anordnung der Flurbereinigung werden die betroffenen Grundstückseigentümer über das Verfahren und die voraussichtlich entstehenden Kosten informiert (§ 5 Abs. 1 FlurbG). Weiterhin werden alle betroffenen Behörden und Organisationen, die Gemeinde und die landwirtschaftliche Berufsgenossenschaft gehört (§ 5 Abs. 2 und 3 FlurbG). Die Verfahrensart und die Abgrenzung des Verfahrens werden in dem Anordnungsbeschluss festgelegt. Dieser muss auch eine Begründung für die Notwendigkeit der Durchführung der Flurbereinigung enthalten. Mit dem Anordnungsbeschluss entsteht die Teilnehmergemeinschaft (TG), eine Körperschaft des öffentlichen Rechts, die sich aus den Grundstückseigentümern sowie den Erbbauberechtigten zusammensetzt. Sie hat im Wesentlichen die Aufgaben, die gemeinschaftlichen Anlagen herzustellen und die im Verfahren festgesetzten Zahlungen zu leisten. Sie wird durch einen gewählten Vorstand und einen Vorsitzenden vertreten, der auch intensiv in die Planung der öffentlichen und gemeinschaftlichen Anlagen eingebunden wird.

Flurbereinigungstechnisch stehen dann mehrere Aufgaben an, die parallel bearbeitet werden. Die Teilnehmer an einem Flurbereinigungsverfahren werden legitimiert. Dazu wird geprüft, ob die Eintragungen im Grundbuch und Kataster mit der Realität übereinstimmen oder ob es noch nicht im Grundbuch vollzogene Eigentumsübertragungen (z. B. durch Erbfälle) gibt. Weiterhin werden die Kontaktdaten der Eigentümer ermittelt.

Außerdem wird die Wertermittlung der Flächen durchgeführt. Als Ergebnis der Wertermittlung wird dabei ein Wertverhältnis (Tauschwert) ermittelt, das die Grundlage für die Neuordnung in der Flurbereinigung ist. Land- und forstwirtschaftliche Flächen werden nach dem Nutzwert bewertet (siehe Abb. 3.3), die Wertermittlung für Bauflächen erfolgt nach dem Verkehrswert. Über einen Kapitalisierungsfaktor können die so ermittelten Tauschverhältnisse auch in Geld umgerechnet werden.

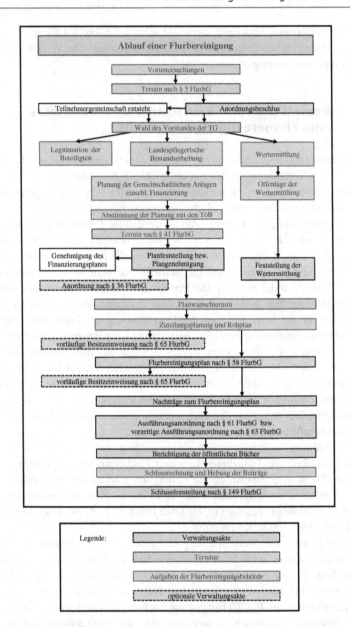

Abb. 3.2 Ablaufschema eines Flurbereinigungsverfahrens. (Eigene Darstellung)

Abb. 3.3 Örtliche Durchführung der Wertermittlung (Schwarz 2019)

Die Flurbereinigungsbehörde erstellt weiterhin in enger Abstimmung mit der Teilnehmergemeinschaft den Plan über die gemeinschaftlichen und öffentlichen Anlagen (Wege- und Gewässerplan mit landschaftspflegerischem Begleitplan). Dabei werden unter gemeinschaftliche Anlagen Wege, Straßen, Gewässer und andere zur gemeinschaftlichen Benutzung oder einem gemeinschaftlichen Interesse dienende Anlagen zusammengefasst (§ 39 FlurbG). Öffentliche Anlagen sind solche, die dem öffentlichen Verkehr oder einem anderen öffentlichen Interesse dienen (§ 40 FlurbG). In diesem Plan werden alle Veränderungen (Neuanlage, Änderung oder Wegfall) von Wegen, Gewässern, landespflegerischen Anlagen und sonstigen Anlagen, wie auch die Durchführung von Bodenverbesserungen, festgelegt. Dieser Plan wird mit allen betroffenen Trägern öffentlicher Belange und den anerkannten Landespflegevereinen erörtert und dann von der oberen Flurbereinigungsbehörde festgestellt.

Die Planfeststellung für eine Gewässerrenaturierung und die Bereitstellung von Flächen für diese kann als Maßnahmen der Wasserwirtschaft innerhalb des Flurbereinigungsverfahrens mit erfolgen, sofern mit dem Verfahren primär die Ziele der Flurbereinigung verfolgt werden. Die Planfeststellung kann dabei in das Planfeststellungsverfahren für den Wege- und Gewässerplan mit landschaftspflegerischem Begleitplan integriert werden. Flächen für die Gewässerrenaturierung können dabei z. B. im Zuge der Verwirklichung von Ausgleichs- und Ersatzmaßnahmen für an anderer Stelle im Flurbereinigungsgebiet erfolgende Eingriffe in Natur und Landschaft bereitgestellt werden.

Durch die Planfeststellung entsteht das Baurecht für die entsprechenden Maßnahmen. Um vor der Umsetzung der Grundstücksneuordnung schon in den Besitz der Flächen zu kommen, auf denen öffentliche oder gemeinschaftliche Anlagen erstellt werden sollen, kann die Flurbereinigungsbehörde eine Anordnung nach § 36 FlurbG erlassen. So können beispielsweise Flächen für eine Gewässerrenaturierung frühzeitig bereitgestellt werden. Die in der Anordnung getroffenen Regelungen haben dann bis zur Ausführung des Flurbereinigungsplanes bestand.

Die Planungen für die Neueinteilung der Flurstücke beginnen mit dem Planwunschtermin, in dem jeder Eigentümer über seine Wünsche bzgl. der Zusammenlegung der Flurstücke angehört wird. Sofern ein Eigentümer kein Interesse an einer Landabfindung hat, ist es möglich, dass er nach § 52 FlurbG auf eine Landabfindung gegen einen Geldausgleich verzichtet. Ein solcher Landverzicht ist auch zugunsten anderer Teilnehmer an dem Flurbereinigungsverfahren oder der Gemeinde oder anderer Träger öffentlicher Belange möglich. Auf diese Art können auch Flächen für eine ökologische Gewässerentwicklung „erworben" werden. Ansonsten erhalten die Teilnehmer eine Zuteilung ihrer Flächen nach dem Grundsatz einer „Abfindung mit Land von gleichem Wert" (§ 44 FlurbG). Dabei haben die Teilnehmer den für die gemeinschaftlichen Anlagen und die öffentlichen Anlagen erforderlichen Grund und Boden nach dem Verhältnis des Wertes ihrer alten Grundstücke zu dem Wert aller Grundstücke des Flurbereinigungsgebietes aufzubringen. Für öffentliche Anlagen, die nicht zugleich dem Interesse der Teilnehmer dienen, ist durch den Vorhabenträger an die Teilnehmergemeinschaft eine Entschädigung zu zahlen (§ 40 FlurbG).

Die Ergebnisse der Neuordnung werden zusammen mit allen notwendigen rechtlichen Regelungen in dem Flurbereinigungsplan zusammengefasst. Diese rechtlichen Regelungen werden durch zwei andere Verwaltungsakte umgesetzt. Durch die vorläufige Besitzeinweisung nach § 65 FlurbG in Verbindung mit den Überleitungsbestimmungen wird geregelt, zu welchem Zeitpunkt der tatsächliche Besitzübergang stattfindet, d. h. ab wann die neuen Flurstücke von dem im Flurbereinigungsplan vorgesehenen Eigentümer bewirtschaftet werden können. In der Ausführungsanordnung nach § 61 FlurbG bzw. in der vorzeitigen Ausführungsanordnung nach § 63 FlurbG wird der Rechtsübergang geregelt. Zu diesem Zeitpunkt werden dann das Grundbuch und das Kataster unrichtig und bis zur Berichtigung der öffentlichen Bücher durch den Flurbereinigungsplan ersetzt.

Nachdem dann auch alle im Wege- und Gewässerplan und im Flurbereinigungsplan vorgesehenen Maßnahmen umgesetzt worden sind, erfolgt der formelle Abschluss eines Flurbereinigungsverfahrens durch die Schlussfeststellung.

Eine flurbereinigungsrechtliche Besonderheit gibt es in Bayern und Sachsen, denn dort wird die Option nach § 18 Abs. 2 FlurbG wahrgenommen. Dort werden verschiedene Aufgaben der Flurbereinigungsbehörde auf die TG übertragen, sodass die TG dort dann die Flurbereinigungsbehörde ist. Vorsitzender der TG ist in diesen Ländern eine Mitarbeiterin / ein Mitarbeiter der Flurbereinigungsbehörde mit der Befähigung für den höheren technischen Verwaltungsdienst.

3.2.2 Regelflurbereinigung nach §§ 1, 4 und 37 FlurbG

Das FlurbG definiert folgende Ziele, die alleine oder in beliebiger Verbindung eine Anordnung rechtfertigen (vgl. Wingerter und Mayr 2018, S. 3):

- Verbesserung der Produktions- und Arbeitsbedingungen in der Land- und Forstwirtschaft
- Förderung der allgemeinen Landeskultur
- Förderung der Landentwicklung

Die Regelflurbereinigung bietet umfassende Lösungen und Hilfen bei der Erhaltung, Gestaltung und Entwicklung der Wirtschafts-, Wohn- und Erholungsfunktionen der ländlichen Räume. Maßnahmen des ländlichen Wege- und

Straßenbaus, der Dorfentwicklung, der Wasserwirtschaft, des Boden- und Naturschutzes sowie der Landschaftspflege können realisiert werden. Sie „gibt der
Flurbereinigungsbehörde einen umfassenden Gestaltungsauftrag innerhalb des
festzulegenden Flurbereinigungsgebiets und erreicht so eine zeitliche, räum-
liche und fachliche Konzentration aller Maßnahmen im Bereich Agrarstruktur,
Umwelt, Raumplanung und Dorfentwicklung" (AID-Infodienst 2015, S. 10).

3.2.3   Vereinfachte Flurbereinigung nach § 86 FlurbG

Sie kann angeordnet werden, um

- Maßnahmen der Landentwicklung, insbesondere Maßnahmen der Agrarstruktur-
  verbesserung, der Siedlung, der Dorferneuerung, städtebauliche Maßnahmen,
  Maßnahmen des Umweltschutzes, der naturnahen Entwicklung von Gewässern,
  des Naturschutzes und der Landschaftspflege oder der Gestaltung des Orts- und
  Landschaftsbildes zu ermöglichen oder auszuführen,
- Nachteile für die allgemeine Landeskultur zu beseitigen, die durch Herstellung, Änderung oder Beseitigung von Infrastrukturanlagen oder durch ähn-
  liche Maßnahmen entstehen oder entstanden sind,
- Landnutzungskonflikte aufzulösen oder
- eine erforderlich gewordene Neuordnung des Grundbesitzes in Weilern,
  Gemeinden kleineren Umfanges, Gebieten mit Einzelhöfen sowie in bereits
  flurbereinigten Gemeinden durchzuführen.

Gegenüber der Regelflurbereinigung sind in der vereinfachten Flurbereinigung
verschiedene Verfahrensvereinfachungen möglich. Die wichtigsten sind:

- Die Bekanntgabe der Wertermittlungsergebnisse (§ 32 FlurbG) kann mit der
  Bekanntgabe des Flurbereinigungsplanes (§ 59 FlurbG) verbunden werden.
- Von der Aufstellung des Wege- und Gewässerplanes mit landschafts-
  pflegerischem Begleitplan (§ 41 FlurbG) kann abgesehen werden. In diesem
  Fall sind die entsprechenden Maßnahmen in den Flurbereinigungsplan (§ 58
  FlurbG) aufzunehmen.
- Die Wahl eines Vorstandes der TG kann unterbleiben.

Das vereinfachte Flurbereinigungsverfahren sieht ausdrücklich Maßnahmen der
naturnahen Entwicklung von Gewässern als ein mögliches Ziel vor. So wurde
das in Kap. 4 erläuterte Fallbeispiel der Renaturierung der Bieber zur Auflösung

der Landnutzungskonflikte zwischen den Interessen der Landwirtschaft und der Grundstückseigentümer auf der einen Seite und den Interessen der Wasserwirtschaft im Hinblick auf den Gewässerschutz und die naturnahe Entwicklung der Gewässer auf der anderen Seite in einem vereinfachten Flurbereinigungsverfahren durchgeführt.

3.2.4 Beschleunigtes Zusammenlegungsverfahren (BZV) nach § 91 FlurbG

Es kann angeordnet werden, um

* die in der Flurbereinigung angestrebte Verbesserung der Produktions- und Arbeitsbedingungen in der Land- und Forstwirtschaft möglichst rasch herbeizuführen oder
* um notwendige Maßnahmen des Naturschutzes und der Landschaftspflege zu ermöglichen.

Voraussetzung für die Anordnung ist, dass die Anlage eines neuen Wegenetzes und größere wasserwirtschaftliche Maßnahmen zunächst nicht erforderlich sind. Ziel des Verfahrens ist es, den zersplitterten Grundbesitz großzügig zusammen zu legen. Dabei sollen nach Möglichkeit ganze Flurstücke getauscht werden. Die wichtigsten Verfahrensvereinfachungen sind:

* Die Wahl eines Vorstandes kann unterbleiben.
* Die Wertermittlung kann in einfachster Form erfolgen.
* Die Bekanntgabe der Wertermittlung kann mit der Bekanntgabe des Flurbereinigungsplanes erfolgen.
* Ein Wege- und Gewässerplan wird nicht aufgestellt.

Da größere wasserwirtschaftliche Maßnahmen im beschleunigten Zusammenlegungsverfahren nicht zulässig sind und auch ein Wege- und Gewässerplan mit landschaftspflegerischem Begleitplan nicht aufgestellt wird, können mit diesem Verfahren nur dann Maßnahmen der Gewässerrenaturierung umgesetzt werden, wenn entweder für diese Maßnahmen keine Planfeststellung / Plangenehmigung erforderlich ist oder wenn für sie in einem Planfeststellungsverfahren außerhalb des beschleunigten Zusammenlegungsverfahren Baurecht erlangt wurde.

3.2.5   Freiwilliger Landtausch (FLT) nach § 103 a ff. FlurbG

Er bildet eine Besonderheit gegenüber den anderen Verfahrensarten nach dem FlurbG, da er vollständig auf Freiwilligkeit gegründet ist und stets das Einverständnis aller Tauschpartner voraussetzt. Er wird nur auf Antrag der betroffenen Grundstückseigentümer eingeleitet und kann durchgeführt werden,

- um ländliche Grundstücke zur Verbesserung der Agrarstruktur oder
- aus Gründen des Naturschutzes und der Landschaftspflege neu zu ordnen.

Dabei sollen nach Möglichkeit ganze Flurstücke getauscht und wege- und gewässerbauliche sowie bodenverbessernde Maßnahmen vermieden werden. Insofern bietet sich der freiwillige Landtausch nur für die Fälle an, in denen Flächen für die Gewässerrenaturierung gegen Ersatzland getauscht werden, die dem Vorhabenträger zur Verfügung stehen, und bei denen eine Planfeststellung / Plangenehmigung nicht erforderlich ist bzw. diese außerhalb des Flurbereinigungsverfahren herbeigeführt wird.

3.3   Enteignung und Unternehmensflurbereinigung

Der intensivste bodenordnerische Eingriff in das Eigentum ist die Enteignung. Mit der Enteignung greift der Staat auf das Eigentum des Einzelnen zu. Sie ist auf die vollständige oder teilweise Entziehung konkreter subjektiver, durch Art. 14 Abs. 1 Satz 1 GG gewährleisteter Rechtspositionen zur Erfüllung bestimmter öffentlicher Aufgaben gerichtet (vgl. BVerfG, Urt. V. 23.11.1999 – 1 BvF 1/94 -BVerfGE 101, 239 <259>; stRspr). Sie ist nur zum Wohle der Allgemeinheit zulässig und darf nur durch Gesetz oder auf Grund eines Gesetzes erfolgen, das Art und Ausmaß der Entschädigung regelt (Art. 14 Abs. 3 S. 1 und 2 GG). So eröffnet z. B. § 71 Abs. 1 WHG die Möglichkeit bei der Feststellung eines Plans für den Gewässerausbau, der dem Wohl der Allgemeinheit dient, zu bestimmen, dass für seine Durchführung die Enteignung zulässig ist. Einzelne Bundesländer, z. B. § 85 des Landeswassergesetzes von Schleswig-Holstein oder § 115 Landeswassergesetz des Landes Rheinland-Pfalz, regeln die Zulässigkeit einer solchen Enteignung direkt im Gesetz. Das förmliche Verfahren einer Enteignung wird in den jeweiligen Landesenteignungsgesetzen geregelt.

Ein förmliches Enteignungsverfahren wird durch einen Antrag des Enteignungsbegünstigten bei der Enteignungsstelle eingeleitet. Voraussetzung für einen erfolgversprechenden Antrag ist dabei u. a., dass ein freihändiger Erwerb zu angemessenen Konditionen versucht wurde und gescheitert ist. Nach einer Anhörung der Beteiligten durch die Enteignungsbehörde erfolgt dann die Enteignung durch einen rechtsmittelfähigen Bescheid. In diesem Bescheid wird auch die Entschädigungshöhe festgesetzt, die i. d. R. nach einem Gutachten ermittelt wird.

Werden für ein Unternehmen, für das die Enteignung zulässig ist, ländliche Grundstücke in großem Umfang in Anspruch genommen, kann ein Verfahren der Unternehmensflurbereinigung nach §§ 87 ff. FlurbG als milderes Mittel gegenüber dem förmlichen Enteignungsverfahren zulässig sein, wenn der durch das Vorhaben entstehende Landverlust auf einen größeren Kreis von Eigentümern verteilt und / oder die durch das Unternehmen entstehenden Nachteile für die allgemeine Landeskultur minimiert werden können. Als Unternehmen kommen typischerweise Verkehrsneubaumaßnahmen (z. B. überörtliche Straßen, örtliche Straßen (wie Ortsumgehungen) oder Eisenbahntrassen) aber auch wasserbauliche Projekte (z. B. Hochwasserschutzpolder) infrage. Die Durchführung einer Unternehmensflurbereinigung zur Renaturierung eines einzelnen Gewässerabschnitts wird aber häufig nicht zulässig sein. Bei der Durchführung einer solchen Unternehmensflurbereinigung besteht die Möglichkeit, Gewässerrenaturierungen als landespflegerische Kompensationsmaßnahmen durchzuführen. Dabei können auch linienhafte Biotopvernetzungen durch entsprechend ausgestaltete Gewässerrandstreifen errichtet und sichergestellt werden. Weiterhin können Gewässerrenaturierungen auch als gemeinschaftliche oder öffentliche Maßnahmen planfestgestellt und durchgeführt werden, sofern diese Maßnahme gegenüber der Maßnahme des Unternehmensträgers von untergeordneter Bedeutung ist.

Auf Antrag des Unternehmensträgers prüft die Enteignungsbehörde ob die Unternehmensflurbereinigung das verhältnismäßigere Mittel zur Landbeschaffung gegenüber Einzelenteignungen ist. Im gegebenen Fall ordnet die Enteignungsbehörde dann bei der (oberen) Flurbereinigungsbehörde eine Unternehmensflurbereinigung an.

Die Unternehmensflurbereinigung begünstigt die frühzeitige Bereitstellung der für das Unternehmen benötigten Flächen. Auf Antrag des Unternehmensträgers (z. B. Wasserwirtschaftsverwaltung) kann der Unternehmensträger mittels einer Anordnung nach § 36 FlurbG in den Besitz der Flächen eingewiesen werden, die er für die Umsetzung seiner Planungen benötigt. Voraussetzung dafür ist, dass Baurecht (z. B. durch eine Planfeststellung) gesichert ist. Der Vollzug der zulässigen Enteignung erfolgt statt im Enteignungsrecht nach den Regelungen des § 87 ff. FlurbG. In dem Unternehmensflurbereinigungsverfahren werden dann Art und Ausmaß der Entschädigung für den enteignungsrechtlichen Eingriff geregelt. Die Flurbereinigungsbehörde regelt dies an Stelle der Enteignungsbehörde.

Praxisbeispiel – Flurbereinigungsverfahren Heusenstamm Bieber

4

Im nachfolgenden Kapitel werden Maßnahmen zur Umsetzung der Vorgaben der WRRL und deren Unterstützung durch den Einsatz der ländlichen Bodenordnung beispielhaft an der Renaturierung der Bieber und dem vereinfachten Flurbereinigungsverfahren Heusenstamm Bieber (Hessen) erläutert.

4.1 Ausgangssituation

Die Bieber ist ein hessisches Fließgewässer, das bei Dreieich-Götzenhain als Bieberbach entspringt. Mit dem Zufluss des Stiergrabens (Steinberg) wird der Bieberbach zum Liliengraben und ab dem Zufluss des Schmittgrabens (Heusenstamm) trägt er den Namen „Bieber". Nach ca. 17 km mündet die Bieber in Mühlheim am Main in die Rodau.

Im Stadtgebiet von Heusenstamm wird der Zustand der Bieber als stark, sehr stark oder vollständig verändert bewertet. Dieser schlechte Zustand ist laut dem Bericht zur Vorplanung der Bieberrenaturierung auf „die landwirtschaftlichen Flurbereinigungen, die im letzten Jahrhundert für die Entwässerung der feuchten Wiesen und den technischen Ausbau [...] gesorgt haben" (ecoplan 2008, S. 4), zurückzuführen. Der genaue Zeitpunkt der Eingriffe kann heute jedoch nicht mehr nachvollzogen werden. Als maßgebende Defizite, die u. a. die eigendynamische Entwicklung verhindern, galten (siehe Abb. 4.1) (vgl. Fritz 2009, S. 3 ff.):

- der technische Gewässerausbau
- der geradlinige Verlauf

© Springer Fachmedien Wiesbaden GmbH, ein Teil von Springer Nature 2020
K. Nobis et al., *Die Anwendung der ländlichen Bodenordnung bei der Renaturierung und naturnahen Entwicklung von Fließgewässern*, essentials,
https://doi.org/10.1007/978-3-658-30253-5_4

← Fließrichtung

Abb. 4.1 Zustand der Bieber vor der Renaturierung im April 2009 und im November 2011. (Eigene Darstellung nach Fritz, Stadt Heusenstamm 2009 und Fritz, Stadt Heusenstamm 2011)

- das Fehlen einer eigendynamischen Entwicklung und eines standortgerechten Bewuchses
- die Nutzung der an die Bieber angrenzenden Flächen bis an die Uferkante.

4.2 Planung und Verfahrensablauf

Das Büro ecoplan wurde im März 2008 von der Stadt Heusenstamm mit der Vorplanung und Entwicklungskonzeption der Bieberrenaturierung beauftragt, um den Vorgaben der WRRL sowie den Pflichten der Gewässerunterhalter nachzukommen (vgl. ecoplan 2008, S. 1). Der Antrag für die wasserrechtliche Plangenehmigung vom 15. April 2009 wurde am 7. April 2010 durch das Regierungspräsidium (RP) Darmstadt erteilt (vgl. RP Darmstadt 2010, S. 17 und S. 2).

Zur Auflösung der Landnutzungskonflikte zwischen den Interessen der Landwirtschaft und der Grundstückseigentümer auf der einen Seite und den Interessen der Wasserwirtschaft im Hinblick auf den Gewässerschutz und die naturnahe

Tab. 4.1 Verfahrensdaten des Flurbereinigungsverfahrens Heusenstamm Bieber. (Eigene Darstellung nach HVBG o. J.)

Verfahrensart	Vereinfachtes Flurbereinigungsverfahren nach § 86 FlurbG
Flurbereinigungsbehörde	Amt für Bodenmanagement Heppenheim
Beteiligte Stadt	Heusenstamm
Kreis	Offenbach
Verfahrensgröße	88 Hektar
Anzahl der Beteiligten	ca. 110
Anzahl der Flurstücke	ca. 250

Entwicklung der Gewässer auf der anderen Seite, wurde auf Antrag der Stadt Heusenstamm vom 5. Oktober 2009 ein vereinfachtes Flurbereinigungsverfahren nach § 86 FlurbG angeordnet. Neben der Auflösung dieser Landnutzungskonflikte sollten in dem Flurbereinigungsverfahren die Bewirtschaftung der landwirtschaftlichen Flächen verbessert, das Grundeigentum geordnet und die Möglichkeit für die Bereitstellung und Sicherung der für die Renaturierung benötigten Flächen geschaffen werden (vgl. HVBG 2016, S. 2 und AfB Heppenheim 2010a, S. 5 f.).

Tab. 4.1 fasst die wichtigsten Daten des vereinfachten Flurbereinigungsverfahrens zusammen.

Das Verfahrensgebiet (gelb) kann Abb. 4.2 entnommen werden.

In Tab. 4.2 wird zum einen der zeitliche Ablauf der Flurbereinigung, zum anderen der Ablauf der Bieberrenaturierung – Umsetzung in vier Bauabschnitten – gezeigt. Es wird deutlich, dass die Prozesse parallel abgelaufen sind.

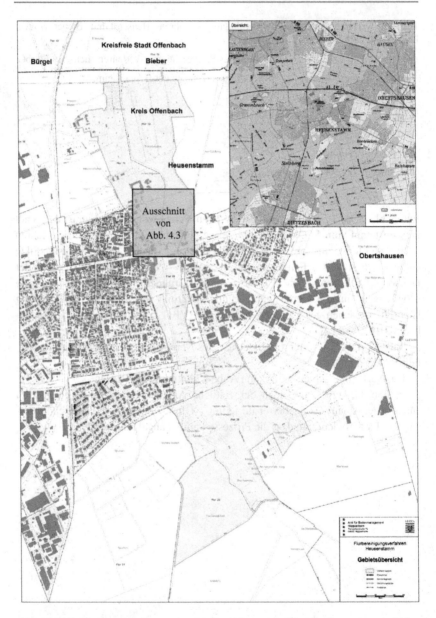

Abb. 4.2 Gebietsübersichtskarte des Flurbereinigungsverfahrens Heusenstamm Bieber (AfB Heppenheim 2010b, Datengrundlage: Hessische Verwaltung für Bodenmanagement und Geoinformation)

Tab. 4.2 Zeitlicher Ablauf der Flurbereinigung in Heusenstamm und der Renaturierung der Bieber. (Eigene Darstellung nach HVBG 2016, S. 1)

Datum	Renaturierung der Bieber	Flurbereinigung
März 2008	Vorplanung und Entwicklungskonzeption	
15.04.2009	Antrag für die wasserwirtschaftliche Plangenehmigung	
07.04.2010	Erteilung der Plangenehmigung	
16.06.2010		Flurbereinigungsbeschluss
04.11.2010		Wahl des Teilnehmervorstandes
01.03.2011	Beginn der Renaturierung[a]	
05.03.2012		Wertermittlung der Grundstücke
13.11.2012		Vorläufige Besitzeinweisung
November 2013	Ende der Renaturierung	
03.02.2015		Genehmigung des Flurbereinigungsplans
30.07.2015		Eintritt des neuen Rechtszustandes
24.02.2016		Schlussabrechnung

[a]Keine Regelung nach § 36 FlurbG. In einzelnen Fällen wurden mit den Eigentümern freiwillige Besitzüberlassungsvereinbarungen abgeschlossen, sodass die Flächen schon vor der vorläufigen Besitzeinweisung in Anspruch genommen werden konnten. Bei allen anderen Grundstücken wurde die Renaturierung nach der vorläufigen Besitzeinweisung durchgeführt

4.3 Maßnahmenumsetzung

Das vereinfachte Flurbereinigungsverfahren ordnete die Grundstücke im Bereich der Bieber neu und ermöglichte so die Flächenbereitstellung und -sicherung für die Renaturierung. Abb. 4.3 zeigt beispielhaft die Grundstücke auf der Schlosswiese vor und nach der Flurbereinigung. Es wird deutlich, dass durch die Neuordnung der Grundstücke für die Bieber ein Korridor geschaffen und die hierfür benötigten Flächen in öffentliches Eigentum überführt werden konnten. In diesem Korridor konnten die geplanten Maßnahmen umgesetzt werden und eine eigendynamische Entwicklung der Bieber stattfinden.

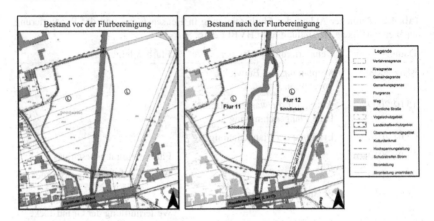

Abb. 4.3 Vergleich des Bestandes vor und nach der Flurbereinigung auf den Schlosswiesen, ohne Maßstab. (Eigene Darstellung nach AfB Heppenheim 2013 und AfB Heppenheim 2015, Datengrundlage: Hessische Verwaltung für Bodenmanagement und Geoinformation)

Im Nachfolgenden werden einige wichtige umgesetzte Maßnahmen erläutert. Aus Abb. 4.3 wird deutlich, dass der Verlauf der Bieber verlegt und verlängert wurde, um eine naturnahe Laufentwicklung zu erzielen und Altarme wiederherzustellen bzw. anzubinden. Gleichzeitig wird durch diese Maßnahme die natürliche Retention (dezentrale Hochwasserschutzmaßnahme) gefördert.

Wasserbauliche Elemente, wie bspw. Totholz oder Wurzelstöcke (siehe Abb. 4.4), wurden in den Gewässerlauf eingesetzt, um nach Abschluss der Renaturierung eine Eigendynamik der Bieber zu erreichen und ein naturnahes Bachbett wiederherzustellen. Solche Elemente initiieren und fördern durch ihre Auswirkungen auf u. a. den Gewässerlauf, die Strömung, den Sedimenttransport und die Gewässermorphologie die eigendynamische Entwicklung der Bieber und stellen gleichzeitig einen neuen Lebensraum für Klein- und Kleinstlebewesen dar.

Entlang des Bieberlaufes wurden in weiten Teilen fünf bis zehn Meter breite Gewässerrandstreifen[1] angelegt, in denen sich sowohl die Bieber als auch die vorherrschende Flora und Fauna selbst entwickeln können. Zusätzlich wurde

---

[1]Nach § 38 Abs. 3 WHG hat der Gewässerrandstreifen im Außenbereich eine Breite von fünf Metern. Für bebaute Ortsteile kann „die zuständige Behörde [...] Gewässerrandstreifen mit einer angemessenen Breite festsetzen" (§ 38 Abs. 3 WHG). Das Hessische Wassergesetz (HWG) konkretisiert diese Aussage und setzt fest, dass „Gewässerrandstreifen [...] im Außenbereich zehn Meter und im Innenbereich im Sinne der §§ 30 und 34 des Baugesetzbuches fünf Meter breit" (§ 23 Abs. 1 HWG) sind.

◄── Fließrichtung

Abb. 4.4 Maßnahmenumsetzung an der Bieber im Februar 2011 und im März 2011. (Eigene Darstellung nach Fritz, Stadt Heusenstamm 2011)

Uferholz gepflanzt und Sumpfpflanzen eingebracht (Initialpflanzungen) sowie Saatgut ausgebracht. Bewuchs, der aufgrund der geplanten Maßnahmen entfernt werden musste, wurde u. a. als Totholz oder Wurzelstöcke wiederverwendet.

4.4 Nachhaltigkeit der Umsetzung

Der Vergleich dreier Luftbilder, die die Schlosswiesen am 31. Oktober 2000, am 01. August 2013 und am 23. August 2019 zeigen (siehe Abb. 4.5), verdeutlicht beispielhaft die Laufverlegung und -verlängerung der Bieber im Verfahrensgebiet sowie die eigendynamische Entwicklung, die sich nach Abschluss der Renaturierung ergeben hat.

Die positiven Auswirkungen der umgesetzten Maßnahmen zeigen sich auch in der Zunahme des Bewuchses, der sich nach den Neupflanzungen durch Sukzession gebildet hat (siehe Abb. 4.6). Zusätzlich haben sich wieder verstärkt Fische in der Bieber angesiedelt und auch der Biber ist zurückgekehrt (erkennbar durch Nagespuren an diversen Baumstämmen). Für die Zukunft ist zu erwarten, dass sich der Bieberverlauf durch Eigendynamik weiter an seine naturnahe Laufform anpasst, sich der standortgerechte Bewuchs stetig entwickelt und der Fischbestand weiterhin zunimmt.

Zusammenfassend kann festgehalten werden, dass dieses Projekt ein positives Beispiel für die Anwendung der ländlichen Bodenordnung bei der Renaturierung und naturnahen Fließgewässerentwicklung ist.

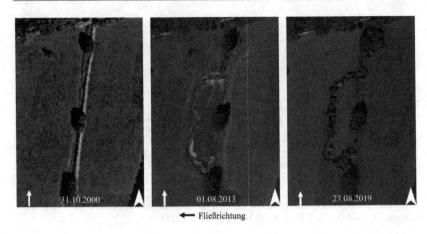

Abb. 4.5 Entwicklung der Bieber auf den Schlosswiesen, ohne Maßstab. (Eigene Darstellung, Datengrundlage: Hessische Verwaltung für Bodenmanagement und Geoinformation)

Abb. 4.6 Bieber auf den Schlosswiesen im Oktober 2019. (Eigene Aufnahmen)

Handlungsempfehlungen 5

Für die Renaturierung und naturnahe Entwicklung von Fließgewässern ist eine Grundvoraussetzung, dass im und am Gewässer ausreichend Raum zur Verfügung steht, da sowohl die Bereitstellung eines Gewässerentwicklungskorridors als auch die Umsetzung wasserbaulicher Maßnahmen Fläche benötigen. Die Flächenverfügbarkeit ist folglich eine zentrale Voraussetzung für die eigendynamische Fließgewässerentwicklung und damit eine wichtige Grundlage für die Erreichung der WRRL-Ziele bis 2027.

Der Flächenbedarf eines Fließgewässers kann nicht pauschal bestimmt werden. Vor diesem Hintergrund hat die Bund/Länder-Arbeitsgemeinschaft Wasser (LAWA) eine bundesweit abgestimmte Methodik entwickelt, bei der unter Berücksichtigung der gewässertypischen Eigenschaften und Nutzungen im Gewässerumfeld Gewässerentwicklungsflächen typspezifisch bestimmt werden können (vgl. LAWA 2016, S. 5 ff.). Die Verfahrensempfehlung ermöglicht eine detaillierte Berechnung der benötigten Fläche, weshalb eine frühzeitige Berücksichtigung bei der Planung empfohlen wird. Die Empfehlung klärt aber nicht die Frage der Flächenbeschaffung.

Prinzipiell können bei der Planung von Renaturierungen im Hinblick auf die Flächenbeschaffung zwei unterschiedliche Strategien verfolgt werden. Zum einen besteht die Möglichkeit Renaturierungen nur an denjenigen Abschnitten zu planen, an denen die benötigten Flächen zur Verfügung stehen, d. h. im Zuge der Maßnahmenplanung wird auch nur diese Fläche genutzt und kein weiterer Raum in Anspruch genommen Die Gefahr hierbei ist, dass durch den begrenzten und örtlich feststehenden Raum ggf. kein guter ökologischer und chemischer Zustand bzw. kein gutes ökologisches und chemisches Potenzial erreicht werden kann und folglich die Ziele der WRRL nicht eingehalten werden können. Zum anderen gibt es die Option im Vorfeld detaillierter Planungen den Flächenbedarf konzeptionell

© Springer Fachmedien Wiesbaden GmbH, ein Teil von Springer Nature 2020
K. Nobis et al., *Die Anwendung der ländlichen Bodenordnung bei der Renaturierung und naturnahen Entwicklung von Fließgewässern*, essentials,
https://doi.org/10.1007/978-3-658-30253-5_5

zu ermitteln, z. B. über die LAWA Verfahrensempfehlung, und parallel die Flächenverfügbarkeit zu klären bzw. Bodenordnungsverfahren zur Flächenbereitstellung einzuleiten. Ein solcher Prozess ist aufwändiger und nimmt mehr Zeit in Anspruch, berücksichtigt aber die typspezifischen Eigenschaften eines Gewässers und führt so zu einer höheren Zielerreichung.

Die Planung einer Renaturierung hat zur Folge, dass die benötigten Flächen anderen Nutzungen entzogen werden und in Zukunft nicht mehr zur Verfügung stehen, insbesondere sind dies im ländlichen Raum land- und forstwirtschaftliche Flächen. Die dadurch entstehenden divergierenden Interessen der verschiedenen Stakeholder – bspw. Wasserwirtschaft, Land- und Forstwirtschaft, Naturschutz, Bevölkerung und Flächeneigentümer – eines solchen Entwicklungsprozesses, sollten möglichst zu einem einvernehmlichen Ausgleich gebracht werden. Grundlage für eine erfolgreiche Renaturierung ist neben der Flächenbeschaffung somit auch eine fundierte Erfassung der unterschiedlichen Interessen sowie eine frühzeitige Einbindung aller Beteiligten in einem gesteuerten Moderations- und Mediationsprozess. Nur so können Synergien – z. B. zwischen Gewässer- und Hochwasserschutz, Naherholung und Naturschutz – genutzt und sogenannte „win-win-Situationen" geschaffen werden, die zum einen die Flächenbeschaffung erleichtern, zum anderen aber auch den Erfolg und die Akzeptanz in aktuellen und zukünftigen Projekten sichern.

Grundsätzlich gibt es zwei unterschiedliche Wege, um die für die Renaturierung benötigte Fläche bereitzustellen und zu sichern. Diese sind der freihändige Erwerb oder die ländliche Bodenordnung. Es empfiehlt sich zunächst alle Instrumente in Betracht zu ziehen und den Fokus nicht von Beginn an auf nur eine Option zu legen. Gelingt ein freihändiger Erwerb aller benötigten Flächen zu angemessenen Bedingungen, bedarf es keines ländlichen Bodenordnungsverfahrens. Vielfach kann aber mit einem ländlichen Bodenordnungsverfahren durch die Bereitstellung von Tauschflächen außerhalb des Gewässerentwicklungskorridors bei gleichzeitig verbessertem Zuschnitt der landwirtschaftlichen Bewirtschaftungseinheiten sowie ggf. verbesserter Erschließung die Zustimmung der Grundstückseigentümer und Landbewirtschafter zur Gewässerrenaturierung erreicht werden.

Besonders das Verfahren der vereinfachten Flurbereinigung hat sich in der Vergangenheit – trotz der Verfahrensdauer – als vielversprechendes Instrument zur Flächenbeschaffung herausgestellt, da sowohl Nutzungskonflikte zwischen den unterschiedlichsten Interessensgruppen aufgelöst als auch konkurrierende Ansprüche befriedigt werden können.

Fazit und Ausblick

6

In der europäischen Wasserrahmenrichtlinie aus dem Jahr 2000 wird u. a. ein guter ökologischer und chemischer Zustand bzw. ein gutes ökologisches und chemisches Potenzial für Oberflächengewässer gefordert. Durch die 7. Novelle des Wasserhaushaltsgesetzes und der Konkretisierung in den untergeordneten Landeswassergesetzen erfolgte die juristische Umsetzung der Vorgaben in nationales Recht. Vor diesem Hintergrund sollen die zahlreichen negativen Auswirkungen früherer Fließgewässerausbaumaßnahmen behoben und naturnahe Gewässersysteme hergestellt werden, die sich langfristig eigendynamisch in einem räumlichen Korridor entwickeln können.

Bei der Renaturierung und naturnahen Fließgewässerentwicklung ist die Verfügbarkeit gewässernaher Flächen eine zentrale Voraussetzung, da sowohl die Bereitstellung eines räumlichen Korridors als auch die Maßnahmenumsetzung im und am Gewässer – z. B. Laufverlegung und -verlängerung und der Einbau wasserbaulicher Elemente – Raum benötigen. Das vereinfachte Flurbereinigungsverfahren ist derzeit das vielversprechendste Instrument zur Auflösung der Landnutzungskonflikte zwischen den Interessen der Landwirtschaft und der Grundstückseigentümer auf der einen Seite und den Ansprüchen der Wasserwirtschaft im Hinblick auf den Gewässerschutz und die naturnahe Entwicklung der Gewässer auf der anderen Seite. Anhand der Renaturierung der Bieber bei Heusenstamm wurde dargestellt, wie Maßnahmen zur Umsetzung der Vorgaben der WRRL durch den Einsatz der ländlichen Bodenordnung, besonders durch das Verfahren der vereinfachten Flurbereinigung, realisiert werden können.

Bei der Erstellung von wasserwirtschaftlichen Planungen empfiehlt sich die Nutzung von Synergien und die frühzeitige Einbindung aller Beteiligten. So werden „win-win-Situationen" geschaffen, die sowohl den Erfolg und die Akzeptanz aktueller bzw. zukünftiger Projekte als auch die Flächenbeschaffung

© Springer Fachmedien Wiesbaden GmbH, ein Teil von Springer Nature 2020   37
K. Nobis et al., *Die Anwendung der ländlichen Bodenordnung bei der Renaturierung und naturnahen Entwicklung von Fließgewässern*, essentials,
https://doi.org/10.1007/978-3-658-30253-5_6

erleichtern. Nichtsdestotrotz gehen Fachleute mittlerweile davon aus, dass Deutschland die Ziele der WRRL bis 2027 nicht erreichen wird. Neben dem Fehlen finanzieller und personeller Ressourcen wird die geringe Verfügbarkeit gewässernaher Flächen als einer der Hauptgründe für das Scheitern geplanter Renaturierungen genannt.

Für die Zukunft ist es wichtig innovative Lösungsansätze zu entwickeln, um die Problematik der Flächenbereitstellung und -sicherung zu lösen. Zudem sollten ausreichend personelle und finanzielle Ressourcen zur Verfügung gestellt werden, um z. B. neue Flurbereinigungsverfahren zum Zwecke der Gewässerrenaturierung einleiten zu können. Aber auch der in Deutschland angewendete Freiwilligkeitsansatz – keine Verpflichtung zur Maßnahmenumsetzung – sollte überdacht und, wenn die rechtlichen Voraussetzungen vorliegen, die Anwendung der Unternehmensflurbereinigung verstärkt werden.

Was Sie aus diesem *essential* mitnehmen können

- Die europäische Wasserrahmenrichtlinie hat das Ziel formuliert, nach zwei Fristverlängerungen bis spätestens 2027 einen guten ökologischen und chemischen Zustand bzw. ein gutes ökologisches und chemisches Potenzial für alle Oberflächengewässer zu erreichen.
- Der Einsatz der ländlichen Bodenordnung bei der Renaturierung und naturnahen Fließgewässerentwicklung ermöglicht sowohl die Auflösung von Landnutzungskonflikten zwischen den Interessen der Landwirtschaft und der Grundstückseigentümer als auch die Umsetzung wasserwirtschaftlicher Ansprüche. Sie stellt folglich eine geeignete Option zur Flächenbeschaffung dar.
- Die Nutzung von Synergien sowie die frühzeitige Beteiligung aller Interessensgruppen begünstigen die Flächenbeschaffung und den Erfolg bzw. die Akzeptanz der Durchführung von Renaturierungsmaßnahmen in aktuellen und zukünftigen Projekten.
- Für die Zukunft sollte, neben dem Bereitstellen ausreichend finanzieller und personeller Ressourcen, die Entwicklung innovativer Lösungsansätze im Vordergrund stehen, um die Problematik der Flächenbereitstellung und -sicherung grundlegend zu lösen und die Ziele der Wasserrahmenrichtlinie bis 2027 zu erreichen.

© Springer Fachmedien Wiesbaden GmbH, ein Teil von Springer Nature 2020
K. Nobis et al., *Die Anwendung der ländlichen Bodenordnung bei der Renaturierung und naturnahen Entwicklung von Fließgewässern*, essentials, https://doi.org/10.1007/978-3-658-30253-5

Literatur

AfB Heppenheim (2010a): Vereinfachtes Flurbereinigungsverfahren „Heusenstamm Bieber". Flurbereinigungsbeschluss. Amt für Bodenmanagement Heppenheim. Online verfügbar unter https://hvbg.hessen.de/sites/hvbg.hessen.de/files/content-downloads/ Flurbereinigungsbeschluss_103.pdf (abgerufen am 31.01.2020).

AfB Heppenheim (2013): Flurbereinigungsverfahren Heusenstamm Bieber (VF1893). Karte des Alten Bestandes. Bearbeitet von M. Beyer. Amt für Bodenmanagement Heppenheim. Unveröffentlicht.

AfB Heppenheim (2015): Flurbereinigungsverfahren Heusenstamm Bieber (VF1893). Karte des Neuen Bestandes. Bearbeitet von M. Bergmann. Amt für Bodenmanagement Heppenheim. Unveröffentlicht.

AID-Infodienst (2015): Landentwicklung durch Flurneuordnung. Instrumente und Verfahrensarten. Unter Mitarbeit von Bernhard Kübler und Ulf Schön. 3. Auflage. Band 1571. Bonn: aid infodienst. Ernährung, Landwirtschaft, Verbraucherschutz e.V..

Dahl, H.-J. (2016): 4.1 Geschichte. In Patt, H. (Hrsg.): Fließgewässer- und Auenentwicklung. Grundlagen und Erfahrungen. 2. Auflage. Berlin, Heidelberg: Springer Vieweg.

DVWK (1984): Ökologische Aspekte bei Ausbau und Unterhaltung von Fließgewässern. Deutscher Verband für Wasserwirtschaft und Kulturbau e.V.. Hamburg, Berlin: Verlag Paul Parey (Merkblätter zur Wasserwirtschaft. Heft 204).

ecoplan (2008): Renaturierung der Bieber in Heusenstamm. Vorplanung. Entwicklungskonzeption im Auftrag des Magistrats der Stadt Heusenstamm. Kompetenz für ökologische Planungen. Unveröffentlicht.

European Commission (2019): A Water Blueprint – taking stock, moving forward. Environment Directorate-General. Online verfügbar unter https://ec.europa.eu/environment/water/blueprint/index_en.htm (abgerufen am 09.03.2020).

Fritz, H.-G. (2009): Bieberrenaturierung in der Stadt Heusenstamm. Erläuterungsbericht zur Genehmigungsfassung. Textteil. Anlage 1: Lageplan. Anlage 2: Erläuterungsbericht mit Bilddokumentation. Unveröffentlicht.

Gebler, R.-J. (2005): Entwicklung naturnaher Bäche und Flüsse. Maßnahmen der Strukturverbesserung. Grundlagen und Beispiele aus der Praxis. Walzbachtal: Verlag Wasser+Umwelt.

© Springer Fachmedien Wiesbaden GmbH, ein Teil von Springer Nature 2020   41
K. Nobis et al., *Die Anwendung der ländlichen Bodenordnung bei der Renaturierung und naturnahen Entwicklung von Fließgewässern*, essentials, https://doi.org/10.1007/978-3-658-30253-5

42

Literatur

Gunkel, G. (Hrsg.) (1996): Renaturierung kleiner Fließgewässer. Ökologische und ingenieurtechnische Grundlagen. Jena: Gustav Fischer Verlag (Umweltforschung).

Gunkel, G. (2000): 2.1 Auswirkungen des technischen Gewässerausbaus. In Guderian, R.; Gunkel, G. (Hrsg.) (2000): Aquatische Systeme. Grundlagen. Physikalische Belastungsfaktoren. Anorganische Stoffeinträge. Berlin, Heidelberg, u.a.: Springer-Verlag.

Hendricks, A. et al. (2019): Die europäische Wasserrahmenrichtlinie: Umsetzungsprobleme und Verbesserungsansätze durch die Flurbereinigung. In zfv – Zeitschrift für Geodäsie, Geoinformation und Landmanagement. 144. Jahrgang. Heft 5/2019.

Hütte, M. (2000): Ökologie und Wasserbau. Ökologische Grundlagen von Gewässerverbauung und Wasserkraftnutzung. Berlin: Parey Buchverlag.

HVBG (Hrsg.) (2016): AfB Heppenheim. Flurbereinigungsverfahren Heusenstamm Bieber. Flächenbereitstellung an der Bieber. Flyer. Hessisches Verwaltung für Bodenmanagement und Geoinformation. Online verfügbar unter https://hvbg.hessen.de/sites/hvbg.hessen.de/files/Flyer_Bieber-Heusenstamm_AfB%20Hep1_0.pdf (abgerufen am 14.02.2020).

HVBG (o. J.): Heusenstamm Bieber (VF 1893). Hessisches Verwaltung für Bodenmanagement und Geoinformation. Online verfügbar unter https://hvbg.hessen.de/VF1893 (abgerufen am 17.02.2020).

Kern, K. (1994): Grundlagen naturnaher Gewässergestaltung. Geomorphologische Entwicklung von Fließgewässern. Berlin u.a.: Springer-Verlag.

Lange, G.; Lecher, K. (Hrsg.) (1986): Gewässerregelung. Gewässerpflege. Naturnaher Ausbau und Unterhaltung von Fließgewässern. Hamburg, Berlin: Verlag Paul Parey.

LAWA (2016): LAWA Verfahrensempfehlung „Typspezifischer Flächenbedarf für die Entwicklung von Fließgewässern". LFP Projekt O 4.13. Bund/Länder-Arbeitsgemeinschaft Wasser.

Lehmann, B. (2005): Empfehlungen zur naturnahen Gewässerentwicklung im urbanen Raum – unter Berücksichtigung der Hochwassersicherheit – (Heft 230), in Prof. Dr.-Ing. Dr. h. c. Franz Nestmann (Hrsg.), Karlsruhe: Institut für Wasser und Gewässerentwicklung – Bereich Wasserwirtschaft und Kulturtechnik – der Universität Karlsruhe (TH).

LfU (Hrsg.) (2002): Gewässerentwicklung in Baden-Württemberg. Teil 3 – Arbeitsanleitung zur Erstellung von Gewässerentwicklungsplänen (1. Aufl., Bd. 72). Abteilung 4 – Wasser und Altlasten, Karlsruhe. Online verfügbar unter https://opus.htwg-konstanz.de/frontdoor/deliver/index/docId/1091/file/gewaesserentwicklung_teil_3.pdf (abgerufen am 26.05.2017).

LWA NRW (1980): Richtlinie für naturnahen Ausbau und Unterhaltung der Fließgewässer in Nordrhein-Westfalen. Landesamt für Wasser und Abfall Nordrhein-Westfalen. 1. Auflage. Essen: Woeste-Druck Verlag.

Otto, A. (1996): Renaturierung als Teil der ökologischen Fließgewässersanierung. In Tönsmann, F. (Hrsg.): Sanierung und Renaturierung von Fließgewässern. Grundlagen und Praxis. Kassel: Herkules Verlag (Kasseler Wasserbau: Mitteilungen Heft 6).

Patt, H.; Jürging, P.; Kraus, W. (1998): Naturnaher Wasserbau. Entwicklung und Gestaltung von Fließgewässern. 1. Auflage. Berlin u. a.: Springer-Verlag.

Reese, M. et al. (2018): Wasserrahmenrichtlinie – Wege aus der Umsetzungskrise. Rechtliche, organisatorische und fiskalische Wege zu einer richtlinienkonformen Gewässerentwicklung am Beispiel Niedersachsens. 1. Auflage. Baden-Baden: Nomos (Leipziger Schriften zum Umwelt- und Planungsrecht, 37).

RP Darmstadt (2010): Plangenehmigungsbeschluss für den Magistrat der Stadt Heusenstamm 63150 Heusenstamm zur Renaturierung der Bieber Abschnitt Nord) von km 8+911 bis 6+414 in der Gemarkung Heusenstamm, Flure 11, 12 und 23 bis 25. Abteilung Arbeitsschutz und Umwelt Darmstadt. Unveröffentlicht.

Scherle, J. (1999): Entwicklung naturnaher Gewässerstrukturen – Grundlagen, Leitbilder, Planung –. Mitteilungen des Instituts für Wasserwirtschaft und Kulturtechnik der Universität Karlsruhe (TH). Heft 199. Karlsruhe: Institut für Wasserwirtschaft und Kulturtechnik.

Schiechtl, H. M.; Stern, R. (2002): Naturnaher Wasserbau. Anleitung für ingenieurbiologische Bauweisen. Berlin: Ernst & Sohn.

Umweltbundesamt (2020a): Fließgewässertypologie. Online verfügbar unter https://www.gewaesser-bewertung.de/inOdex.php?article_id=11&clang=0 (abgerufen am 04.03.2020).

Umweltbundesamt (2020b): Morphologie. Online verfügbar unter https://www.gewaesserbewertung.de/index.php?article_id=138&clang=0 (abgerufen am 04.03.2020).

Umweltbundesamt (Hrsg.) (2014): Hydromorphologische Steckbriefe der deutschen Fließgewässertypen. Anhang 1 von „Strategien zur Optimierung von Fließgewässer-Renaturierungsmaßnahmen und ihrer Erfolgskontrolle". Online verfügbar unter www.umweltbundesamt.de/sites/default/files/medien/378/publikationen/texte_43_2014_hydromorphologische_steckbriefe_der_deutschen_fliessgewaesssertypen_0.pdf (abgerufen am 04.03.2020).

umweltbüro essen (2003): Gewässerlandschaften Deutschlands. Karte 4. Karte der Gewässerlandschaften. Auftraggeber: Umweltbundesamt. Kartengrundlage E. Briem. Online verfügbar unter http://gewaesser-bewertung.de/files/karte_gewaesserlandschaften_briem2003.pdf (abgerufen am 04.03.2020).

Wingerter, K.; Mayr, C. (2018): Flurbereinigungsgesetz. Standardkommentar. 10. Auflage. Butjadingen-Stollhamm: Agricola-Verlag (Kommentare zu landwirtschaftlichen Gesetzen, Band 13/2).

Rechtsquellenverzeichnis

BGB (2002): Bürgerliches Gesetzbuch in der Fassung der Bekanntmachung vom 2. Januar 2002 (BGBl. I S. 42, 2909; 2003 I S. 738), zuletzt geändert durch Artikel 1 des Gesetzes vom 21. Dezember 2019 (BGBl. I S. 2911).

FlurbG (1976): Flurbereinigungsgesetz in der Fassung der Bekanntmachung vom 16. März 1976 (BGBl. I S. 546), zuletzt geändert durch Artikel 17 des Gesetzes vom 19. Dezember 2008 (BGBl. I S. 2794).

GBO (1994): Grundbuchordnung in der Fassung der Bekanntmachung vom 26. Mai 1994 (BGBl. I S. 1114), zuletzt geändert durch Artikel 11 des Gesetzes vom 12. Dezember 2019 (BGBl. I S. 2602).

GrdstVG (1961): Gesetz über Maßnahmen zur Verbesserung der Agrarstruktur und zur Sicherung land- und forstwirtschaftlicher Betriebe (Grundstückverkehrsgesetz – GrdstVG) in der im Bundesgesetzblatt Teil III, Gliederungsnummer 7810-1, veröffentlichten bereinigten Fassung, zuletzt geändert durch Artikel 108 des Gesetzes vom 17. Dezember 2008 (BGBl. I S. 2586).

HWG (1981): Hessisches Wassergesetz. In der Fassung vom 14. Dezember 2010.

LPachtVG (1985): Gesetz über die Anzeige und Beanstandung von Landpachtverträgen (Landpachtverkehrsgesetz – LPachtVG) vom 8. November 1985 (BGBl. I S. 2075), zuletzt geändert durch Artikel 15 des Gesetzes vom 13. April 2006 (BGBl. I S. 855).

VwVfG (2003): Verwaltungsverfahrensgesetz in der Fassung der Bekanntmachung vom 23. Januar 2003 (BGBl. I S. 102), zuletzt geändert durch Artikel 5 Absatz 25 des Gesetzes vom 21. Juni 2019 (BGBl. I S. 846).

WHG (2009): Gesetz zur Ordnung des Wasserhaushalts vom 31.07.2009 (BGBl. I S. 2585), in Kraft getreten am 07.08.2009 bzw. 01.03.2010, zuletzt geändert durch Gesetz vom 04.12.2018 (BGBl. I S. 2254) m.W.v. 11.06.2019.

WRRL (2000): Richtlinie 2000/60/EG des europäischen Parlaments und des Rates vom 23. Oktober 2000 zur Schaffung eines Ordnungsrahmens für Maßnahmen der Gemeinschaft im Bereich der Wasserpolitik. In der Fassung vom 20. November 2001.

Bildquellenverzeichnis

AfB Heppenheim (2010b): Flurbereinigungsverfahren Heusenstamm. Gebietsübersicht. Amt für Bodenmanagement Heppenheim. Online verfügbar unter https://hvbg.hessen. de/sites/hvbg.hessen.de/files/content-downloads/Gebiets%C3%BCbersichtskarte_18. pdf (abgerufen am 31.01.2020).

DLR Westerwald-Osteifel (2011): Flurbereinigung Miehlen. Geschäftsbesprechung beim DLR Westerwald-Osteifel am 09.02.2011. Dienstleistungszentrum Ländlicher Raum Westerwald-Osteifel. Präsentation. Unveröffentlicht.

Fritz, H.-G.; Stadt Heusenstamm (2009): Renaturierung der Bieber in Heusenstamm – Bereich Nord. Landkreis Offenbach. Powerpoint-Präsentation. Projektträger: Magistrat der Stadt Heusenstamm. Projektbearbeitung / Genehmigungsfassung: Ökoplanung. Unveröffentlicht.

Fritz, H.-G.; Stadt Heusenstamm (2011): Aufnahmen der Bieberrenaturierung. Ökologisches Planungsbüro in Darmstadt und Magistrat der Stadt Heusenstamm.

Schwarz, J. (2019): Örtliche Durchführung der Wertermittlung. Dienstleistungszentrum Ländlicher Raum Westerwald-Osteifel.

Printed in the United States
By Bookmasters